Dieses Buch gehört

....

Wenn sie dieses Buch finden sollten melden sie
sich bitte über Telefon oder Mail beim Besitzer.
Oder sie senden es an die Heimatadresse des Imkers.

Tel.:
....
Mail:
....
Anschrift:
....

....

....

....

STOCKKARTE

Betriebsjahr .... Beute-Nr. ....

Standort .... Königin ....

Standmaß .... zugesetzt am ....

	Allg. Befund			zugeführt + / entnommen -					+ /-		
Datum	Brut			BR	MW	W	BW	FW	Zucker	Honig	
	Ei	Made	verd.								

Behandlungen	Besondere Vorkommnisse	Anmerkungen / Notizen

STOCKKARTE

Betriebsjahr .... Beute-Nr. ....

Standort .... Königin ....

Standmaß .... zugesetzt am ....

	Allg. Befund			zugeführt + / entnommen -					+ /-		
Datum	Brut			BR	MW	W	BW	FW	Zucker	Honig	
	Ei	Made	verd.								

Behandlungen	Besondere Vorkommnisse	Anmerkungen / Notizen

STOCKKARTE

Betriebsjahr .... Beute-Nr. ....

Standort .... Königin ....

Standmaß .... zugesetzt am ....

	Allg. Befund			zugeführt + / entnommen -					+ /-		
Datum	Brut			BR	MW	W	BW	FW	Zucker	Honig	
	Ei	Made	verd.								

Behandlungen	Besondere Vorkommnisse	Anmerkungen / Notizen

STOCKKARTE

Betriebsjahr

Beute-Nr.

Standort

Königin

Standmaß

zugesetzt am

	Allg. Befund			zugeführt + / entnommen -					+ /-		
Datum	Brut			BR	MW	W	BW	FW	Zucker	Honig	
	Ei	Made	verd.								

Behandlungen	Besondere Vorkommnisse	Anmerkungen / Notizen

STOCKKARTE

Betriebsjahr .... Beute-Nr. ....

Standort .... Königin ....

Standmaß .... zugesetzt am ....

	Allg. Befund			zugeführt + / entnommen -					+ /-		
Datum	Brut			BR	MW	W	BW	FW	Zucker	Honig	
	Ei	Made	verd.								

Behandlungen	Besondere Vorkommnisse	Anmerkungen / Notizen

STOCKKARTE

Betriebsjahr .... Beute-Nr. ....

Standort .... Königin ....

Standmaß .... zugesetzt am ....

	Allg. Befund			zugeführt + / entnommen -					+ /-		
Datum	Brut			BR	MW	W	BW	FW	Zucker	Honig	
	Ei	Made	verd.								

Behandlungen	Besondere Vorkommnisse	Anmerkungen / Notizen

STOCKKARTE

Betriebsjahr .... Beute-Nr. ....

Standort .... Königin ....

Standmaß .... zugesetzt am ....

	Allg. Befund			zugeführt + / entnommen -					+ /-		
Datum	Brut			BR	MW	W	BW	FW	Zucker	Honig	
	Ei	Made	verd.								

Behandlungen	Besondere Vorkommnisse	Anmerkungen / Notizen

STOCKKARTE

Betriebsjahr .... Beute-Nr. ....

Standort .... Königin ....

Standmaß .... zugesetzt am ....

	Allg. Befund			zugeführt + / entnommen -					+ /-		
Datum	Brut			BR	MW	W	BW	FW	Zucker	Honig	
	Ei	Made	verd.								

Behandlungen	Besondere Vorkommnisse	Anmerkungen / Notizen

STOCKKARTE

Betriebsjahr .... Beute-Nr. ....

Standort .... Königin ....

Standmaß .... zugesetzt am ....

	Allg. Befund			zugeführt + / entnommen -					+ /-		
Datum	Brut			BR	MW	W	BW	FW	Zucker	Honig	
	Ei	Made	verd.								

Behandlungen	Besondere Vorkommnisse	Anmerkungen / Notizen

STOCKKARTE

Betriebsjahr .... Beute-Nr. ....

Standort .... Königin ....

Standmaß .... zugesetzt am ....

	Allg. Befund			zugeführt + / entnommen -					+ /-		
Datum	Brut										
	Ei	Made	verd.	BR	MW	W	BW	FW	Zucker	Honig	

Behandlungen	Besondere Vorkommnisse	Anmerkungen / Notizen

STOCKKARTE

Betriebsjahr .... Beute-Nr. ....

Standort .... Königin ....

Standmaß .... zugesetzt am ....

	Allg. Befund			zugeführt + / entnommen -					+ /-		
Datum	Brut										
	Ei	Made	verd.	BR	MW	W	BW	FW	Zucker	Honig	

Behandlungen	Besondere Vorkommnisse	Anmerkungen / Notizen

STOCKKARTE

Betriebsjahr .... Beute-Nr. ....

Standort .... Königin ....

Standmaß .... zugesetzt am ....

	Allg. Befund			zugeführt + / entnommen -					+ /-		
Datum	Brut			BR	MW	W	BW	FW	Zucker	Honig	
	Ei	Made	verd.								

Behandlungen	Besondere Vorkommnisse	Anmerkungen / Notizen

STOCKKARTE

Betriebsjahr .... Beute-Nr. ....

Standort .... Königin ....

Standmaß .... zugesetzt am ....

	Allg. Befund			zugeführt + / entnommen -					+ /-		
Datum	Brut			BR	MW	W	BW	FW	Zucker	Honig	
	Ei	Made	verd.								

Behandlungen	Besondere Vorkommnisse	Anmerkungen / Notizen

STOCKKARTE

Betriebsjahr .... Beute-Nr. ....

Standort .... Königin ....

Standmaß .... zugesetzt am ....

	Allg. Befund			zugeführt + / entnommen -					+ /-		
Datum	Brut			BR	MW	W	BW	FW	Zucker	Honig	
	Ei	Made	verd.								

Behandlungen	Besondere Vorkommnisse	Anmerkungen / Notizen

STOCKKARTE

Betriebsjahr .... Beute-Nr. ....

Standort .... Königin ....

Standmaß .... zugesetzt am ....

	Allg. Befund			zugeführt + / entnommen -					+ /-		
Datum	Brut			BR	MW	W	BW	FW	Zucker	Honig	
	Ei	Made	verd.								

Behandlungen	Besondere Vorkommnisse	Anmerkungen / Notizen

STOCKKARTE

Betriebsjahr .... Beute-Nr. ....

Standort .... Königin ....

Standmaß .... zugesetzt am ....

	Allg. Befund			zugeführt + / entnommen -					+ /-		
Datum	Brut			BR	MW	W	BW	FW	Zucker	Honig	
	Ei	Made	verd.								

....

....

....

....

....

Behandlungen	Besondere Vorkommnisse	Anmerkungen / Notizen

STOCKKARTE

Betriebsjahr .... Beute-Nr. ....

Standort .... Königin ....

Standmaß .... zugesetzt am ....

	Allg. Befund			zugeführt + / entnommen -					+ /-		
Datum	Brut										
	Ei	Made	verd.	BR	MW	W	BW	FW	Zucker	Honig	

Behandlungen	Besondere Vorkommnisse	Anmerkungen / Notizen

STOCKKARTE

Betriebsjahr .... Beute-Nr. ....

Standort .... Königin ....

Standmaß .... zugesetzt am ....

	Allg. Befund			zugeführt + / entnommen -					+ /-		
Datum	Brut			BR	MW	W	BW	FW	Zucker	Honig	
	Ei	Made	verd.								

Behandlungen	Besondere Vorkommnisse	Anmerkungen / Notizen

STOCKKARTE

Betriebsjahr .... Beute-Nr. ....

Standort .... Königin ....

Standmaß .... zugesetzt am ....

	Allg. Befund			zugeführt + / entnommen -					+ /-		
Datum	Brut			BR	MW	W	BW	FW	Zucker	Honig	
	Ei	Made	verd.								

Behandlungen	Besondere Vorkommnisse	Anmerkungen / Notizen

STOCKKARTE

Betriebsjahr .... Beute-Nr. ....

Standort .... Königin ....

Standmaß .... zugesetzt am ....

	Allg. Befund			zugeführt + / entnommen -					+ /-		
Datum	Brut			BR	MW	W	BW	FW	Zucker	Honig	
	Ei	Made	verd.								

Behandlungen	Besondere Vorkommnisse	Anmerkungen / Notizen

STOCKKARTE

Betriebsjahr .... Beute-Nr. ....

Standort .... Königin ....

Standmaß .... zugesetzt am ....

	Allg. Befund			zugeführt + / entnommen -					+ /-		
Datum	Brut			BR	MW	W	BW	FW	Zucker	Honig	
	Ei	Made	verd.								

Behandlungen	Besondere Vorkommnisse	Anmerkungen / Notizen

STOCKKARTE

Betriebsjahr | Beute-Nr.

Standort | Königin

Standmaß | zugesetzt am

	Allg. Befund			zugeführt + / entnommen -					+ /-		
Datum	Brut			BR	MW	W	BW	FW	Zucker	Honig	
	Ei	Made	verd.								

Behandlungen	Besondere Vorkommnisse	Anmerkungen / Notizen

STOCKKARTE

Betriebsjahr .... Beute-Nr. ....

Standort .... Königin ....

Standmaß .... zugesetzt am ....

	Allg. Befund			zugeführt + / entnommen -					+ /-		
Datum	Brut			BR	MW	W	BW	FW	Zucker	Honig	
	Ei	Made	verd.								

....

....

....

....

....

Behandlungen	Besondere Vorkommnisse	Anmerkungen / Notizen

STOCKKARTE

Betriebsjahr　　　　Beute-Nr.

Standort　　　　Königin

Standmaß　　　　zugesetzt am

	Allg. Befund			zugeführt + / entnommen -					+ /-		
Datum	Brut										
	Ei	Made	verd.	BR	MW	W	BW	FW	Zucker	Honig	

Behandlungen	Besondere Vorkommnisse	Anmerkungen / Notizen

STOCKKARTE

Betriebsjahr .... Beute-Nr. ....

Standort .... Königin ....

Standmaß .... zugesetzt am ....

	Allg. Befund			zugeführt + / entnommen -					+ /-		
Datum	Brut			BR	MW	W	BW	FW	Zucker	Honig	
	Ei	Made	verd.								

Behandlungen	Besondere Vorkommnisse	Anmerkungen / Notizen

STOCKKARTE

Betriebsjahr .... Beute-Nr. ....

Standort .... Königin ....

Standmaß .... zugesetzt am ....

	Allg. Befund			zugeführt + / entnommen -					+ /-		
Datum	Brut			BR	MW	W	BW	FW	Zucker	Honig	
	Ei	Made	verd.								

Behandlungen	Besondere Vorkommnisse	Anmerkungen / Notizen

STOCKKARTE

Betriebsjahr Beute-Nr.

Standort Königin

Standmaß zugesetzt am

	Allg. Befund			zugeführt + / entnommen -					+ /-		
Datum	Brut										
	Ei	Made	verd.	BR	MW	W	BW	FW	Zucker	Honig	

Behandlungen	Besondere Vorkommnisse	Anmerkungen / Notizen

STOCKKARTE

Betriebsjahr .... Beute-Nr. ....

Standort .... Königin ....

Standmaß .... zugesetzt am ....

	Allg. Befund			zugeführt + / entnommen -					+ /-		
Datum	Brut										
	Ei	Made	verd.	BR	MW	W	BW	FW	Zucker	Honig	

Behandlungen	Besondere Vorkommnisse	Anmerkungen / Notizen

STOCKKARTE

Betriebsjahr .... Beute-Nr. ....

Standort .... Königin ....

Standmaß .... zugesetzt am ....

	Allg. Befund			zugeführt + / entnommen -					+ /-		
Datum	Brut			BR	MW	W	BW	FW	Zucker	Honig	
	Ei	Made	verd.								

Behandlungen	Besondere Vorkommnisse	Anmerkungen / Notizen

STOCKKARTE

Betriebsjahr .... Beute-Nr. ....

Standort .... Königin ....

Standmaß .... zugesetzt am ....

	Allg. Befund			zugeführt + / entnommen -					+ /-		
Datum	Brut			BR	MW	W	BW	FW	Zucker	Honig	
	Ei	Made	verd.								

Behandlungen	Besondere Vorkommnisse	Anmerkungen / Notizen

STOCKKARTE

Betriebsjahr .... Beute-Nr. ....

Standort .... Königin ....

Standmaß .... zugesetzt am ....

	Allg. Befund			zugeführt + / entnommen -					+ /-		
Datum	Brut			BR	MW	W	BW	FW	Zucker	Honig	
	Ei	Made	verd.								

....

....

....

....

....

Behandlungen	Besondere Vorkommnisse	Anmerkungen / Notizen

STOCKKARTE

Betriebsjahr

Beute-Nr.

Standort

Königin

Standmaß

zugesetzt am

	Allg. Befund			zugeführt + / entnommen -					+ /-		
Datum	Brut			BR	MW	W	BW	FW	Zucker	Honig	
	Ei	Made	verd.								

Behandlungen	Besondere Vorkommnisse	Anmerkungen / Notizen

STOCKKARTE

Betriebsjahr .... Beute-Nr. ....

Standort .... Königin ....

Standmaß .... zugesetzt am ....

	Allg. Befund			zugeführt + / entnommen -					+ /-		
Datum	Brut			BR	MW	W	BW	FW	Zucker	Honig	
	Ei	Made	verd.								

Behandlungen	Besondere Vorkommnisse	Anmerkungen / Notizen

STOCKKARTE

Betriebsjahr .... Beute-Nr. ....

Standort .... Königin ....

Standmaß .... zugesetzt am ....

	Allg. Befund			zugeführt + / entnommen -					+ /-		
Datum	Brut			BR	MW	W	BW	FW	Zucker	Honig	
	Ei	Made	verd.								

Behandlungen	Besondere Vorkommnisse	Anmerkungen / Notizen

STOCKKARTE

Betriebsjahr .... Beute-Nr. ....

Standort .... Königin ....

Standmaß .... zugesetzt am ....

	Allg. Befund			zugeführt + / entnommen -					+ /-		
Datum	Brut			BR	MW	W	BW	FW	Zucker	Honig	
	Ei	Made	verd.								

Behandlungen	Besondere Vorkommnisse	Anmerkungen / Notizen

STOCKKARTE

Betriebsjahr .... Beute-Nr. ....

Standort .... Königin ....

Standmaß .... zugesetzt am ....

	Allg. Befund			zugeführt + / entnommen -					+ /-		
Datum	Brut			BR	MW	W	BW	FW	Zucker	Honig	
	Ei	Made	verd.								

Behandlungen	Besondere Vorkommnisse	Anmerkungen / Notizen

STOCKKARTE

Betriebsjahr | Beute-Nr.

Standort | Königin

Standmaß | zugesetzt am

	Allg. Befund			zugeführt + / entnommen -					+ /-		
Datum	Brut			BR	MW	W	BW	FW	Zucker	Honig	
	Ei	Made	verd.								

Behandlungen	Besondere Vorkommnisse	Anmerkungen / Notizen

STOCKKARTE

Betriebsjahr .... Beute-Nr. ....

Standort .... Königin ....

Standmaß .... zugesetzt am ....

	Allg. Befund			zugeführt + / entnommen -					+ /-		
Datum	Brut			BR	MW	W	BW	FW	Zucker	Honig	
	Ei	Made	verd.								

Behandlungen	Besondere Vorkommnisse	Anmerkungen / Notizen

STOCKKARTE

Betriebsjahr .... Beute-Nr. ....

Standort .... Königin ....

Standmaß .... zugesetzt am ....

	Allg. Befund			zugeführt + / entnommen -					+ /-		
Datum	Brut			BR	MW	W	BW	FW	Zucker	Honig	
	Ei	Made	verd.								

Behandlungen	Besondere Vorkommnisse	Anmerkungen / Notizen

STOCKKARTE

Betriebsjahr .... Beute-Nr. ....

Standort .... Königin ....

Standmaß .... zugesetzt am ....

	Allg. Befund			zugeführt + / entnommen -					+ /-		
Datum	Brut			BR	MW	W	BW	FW	Zucker	Honig	
	Ei	Made	verd.								

Behandlungen	Besondere Vorkommnisse	Anmerkungen / Notizen

STOCKKARTE

Betriebsjahr

Beute-Nr.

Standort

Königin

Standmaß

zugesetzt am

	Allg. Befund			zugeführt + / entnommen -					+ /-		
Datum	Brut			BR	MW	W	BW	FW	Zucker	Honig	
	Ei	Made	verd.								

Behandlungen	Besondere Vorkommnisse	Anmerkungen / Notizen

STOCKKARTE

Betriebsjahr .... Beute-Nr. ....

Standort .... Königin ....

Standmaß .... zugesetzt am ....

	Allg. Befund			zugeführt + / entnommen -					+ /-		
Datum	Brut			BR	MW	W	BW	FW	Zucker	Honig	
	Ei	Made	verd.								

Behandlungen	Besondere Vorkommnisse	Anmerkungen / Notizen

STOCKKARTE

Betriebsjahr .... Beute-Nr. ....

Standort .... Königin ....

Standmaß .... zugesetzt am ....

	Allg. Befund			zugeführt + / entnommen -					+ /-		
Datum	Brut										
	Ei	Made	verd.	BR	MW	W	BW	FW	Zucker	Honig	

Behandlungen	Besondere Vorkommnisse	Anmerkungen / Notizen

STOCKKARTE

Betriebsjahr .... Beute-Nr. ....

Standort .... Königin ....

Standmaß .... zugesetzt am ....

	Allg. Befund			zugeführt + / entnommen -					+ /-		
Datum	Brut			BR	MW	W	BW	FW	Zucker	Honig	
	Ei	Made	verd.								

Behandlungen	Besondere Vorkommnisse	Anmerkungen / Notizen

STOCKKARTE

Betriebsjahr .... Beute-Nr. ....

Standort .... Königin ....

Standmaß .... zugesetzt am ....

	Allg. Befund			zugeführt + / entnommen -					+ /-		
Datum	Brut			BR	MW	W	BW	FW	Zucker	Honig	
	Ei	Made	verd.								

Behandlungen	Besondere Vorkommnisse	Anmerkungen / Notizen

STOCKKARTE

Betriebsjahr .... Beute-Nr. ....

Standort .... Königin ....

Standmaß .... zugesetzt am ....

	Allg. Befund			zugeführt + / entnommen -					+ /-		
Datum	Brut			BR	MW	W	BW	FW	Zucker	Honig	
	Ei	Made	verd.								

Behandlungen	Besondere Vorkommnisse	Anmerkungen / Notizen

STOCKKARTE

Betriebsjahr .... Beute-Nr. ....

Standort .... Königin ....

Standmaß .... zugesetzt am ....

	Allg. Befund			zugeführt + / entnommen -					+ /-		
Datum	Brut			BR	MW	W	BW	FW	Zucker	Honig	
	Ei	Made	verd.								

Behandlungen	Besondere Vorkommnisse	Anmerkungen / Notizen

STOCKKARTE

Betriebsjahr .... Beute-Nr. ....

Standort .... Königin ....

Standmaß .... zugesetzt am ....

	Allg. Befund			zugeführt + / entnommen -					+ /-		
Datum	Brut			BR	MW	W	BW	FW	Zucker	Honig	
	Ei	Made	verd.								

Behandlungen	Besondere Vorkommnisse	Anmerkungen / Notizen

STOCKKARTE

Betriebsjahr .... Beute-Nr. ....

Standort .... Königin ....

Standmaß .... zugesetzt am ....

	Allg. Befund			zugeführt + / entnommen -					+ /-		
Datum	Brut			BR	MW	W	BW	FW	Zucker	Honig	
	Ei	Made	verd.								

Behandlungen	Besondere Vorkommnisse	Anmerkungen / Notizen

STOCKKARTE

Betriebsjahr .... Beute-Nr. ....

Standort .... Königin ....

Standmaß .... zugesetzt am ....

	Allg. Befund			zugeführt + / entnommen -					+ /-		
Datum	Brut										
	Ei	Made	verd.	BR	MW	W	BW	FW	Zucker	Honig	

Behandlungen	Besondere Vorkommnisse	Anmerkungen / Notizen

STOCKKARTE

Betriebsjahr .... Beute-Nr. ....

Standort .... Königin ....

Standmaß .... zugesetzt am ....

	Allg. Befund			zugeführt + / entnommen -					+ /-		
Datum	Brut			BR	MW	W	BW	FW	Zucker	Honig	
	Ei	Made	verd.								

Behandlungen	Besondere Vorkommnisse	Anmerkungen / Notizen

STOCKKARTE

Betriebsjahr .... Beute-Nr. ....

Standort .... Königin ....

Standmaß .... zugesetzt am ....

	Allg. Befund			zugeführt + / entnommen -					+ /-		
Datum	Brut			BR	MW	W	BW	FW	Zucker	Honig	
	Ei	Made	verd.								

Behandlungen	Besondere Vorkommnisse	Anmerkungen / Notizen

STOCKKARTE

Betriebsjahr .... Beute-Nr. ....

Standort .... Königin ....

Standmaß .... zugesetzt am ....

	Allg. Befund			zugeführt + / entnommen -					+ /-		
Datum	Brut			BR	MW	W	BW	FW	Zucker	Honig	
	Ei	Made	verd.								

Behandlungen	Besondere Vorkommnisse	Anmerkungen / Notizen

STOCKKARTE

Betriebsjahr .... Beute-Nr. ....

Standort .... Königin ....

Standmaß .... zugesetzt am ....

	Allg. Befund			zugeführt + / entnommen -					+ /-		
Datum	Brut			BR	MW	W	BW	FW	Zucker	Honig	
	Ei	Made	verd.								

Behandlungen	Besondere Vorkommnisse	Anmerkungen / Notizen

Sind Sie mit diesem Buch zufrieden? Dann würden wir uns um eine Weiterempfehlen freuen. Erzählen sie es im Freundeskreis, berichten Sie Ihrem Buchhändler, oder bewerten sie bei einem Onlinkauf. Und wenn Sie Kritik, Korrekturen, Aktualisierungen haben, freuen wir uns über Ihre Nachricht an Ilioae-Publishing .....

ilioae.publishing@gmail.com

Herausgegeben durch:

Ilioae Publishing

Karolinenstr. 15
90763 Fürth

Covergestaltung: ILRO

www.ingramcontent.com/pod-product-compliance
Lightning Source LLC
Chambersburg PA
CBHW021445210526
45463CB00002B/642
* 9 7 8 1 7 0 3 1 5 9 7 0 7 *